BEI GRIN MACHT SICH IHR WISSEN BEZAHLT

- Wir veröffentlichen Ihre Hausarbeit, Bachelor- und Masterarbeit

- Ihr eigenes eBook und Buch - weltweit in allen wichtigen Shops

- Verdienen Sie an jedem Verkauf

Jetzt bei www.GRIN.com hochladen und kostenlos publizieren

Isabella Melchert

New York City: Ökonomische Entwicklung und Bedeutung

GRIN Verlag

Bibliografische Information der Deutschen Nationalbibliothek:

Die Deutsche Bibliothek verzeichnet diese Publikation in der Deutschen Nationalbibliografie; detaillierte bibliografische Daten sind im Internet über http://dnb.d-nb.de/ abrufbar.

Dieses Werk sowie alle darin enthaltenen einzelnen Beiträge und Abbildungen sind urheberrechtlich geschützt. Jede Verwertung, die nicht ausdrücklich vom Urheberrechtsschutz zugelassen ist, bedarf der vorherigen Zustimmung des Verlages. Das gilt insbesondere für Vervielfältigungen, Bearbeitungen, Übersetzungen, Mikroverfilmungen, Auswertungen durch Datenbanken und für die Einspeicherung und Verarbeitung in elektronische Systeme. Alle Rechte, auch die des auszugsweisen Nachdrucks, der fotomechanischen Wiedergabe (einschließlich Mikrokopie) sowie der Auswertung durch Datenbanken oder ähnliche Einrichtungen, vorbehalten.

Impressum:

Copyright © 2011 GRIN Verlag GmbH
Druck und Bindung: Books on Demand GmbH, Norderstedt Germany
ISBN: 978-3-656-10124-6

Dieses Buch bei GRIN:

http://www.grin.com/de/e-book/186965/new-york-city-oekonomische-entwicklung-und-bedeutung

GRIN - Your knowledge has value

Der GRIN Verlag publiziert seit 1998 wissenschaftliche Arbeiten von Studenten, Hochschullehrern und anderen Akademikern als eBook und gedrucktes Buch. Die Verlagswebsite www.grin.com ist die ideale Plattform zur Veröffentlichung von Hausarbeiten, Abschlussarbeiten, wissenschaftlichen Aufsätzen, Dissertationen und Fachbüchern.

Besuchen Sie uns im Internet:

http://www.grin.com/

http://www.facebook.com/grincom

http://www.twitter.com/grin_com

RWTH Aachen 21.03.2011
Geographisches Institut
Regionalseminar: New York und Pennsylvania
Sommersemester 2011
Hausarbeit

New York City
- Ökonomische Entwicklung und Bedeutung -

Isabella Melchert

Isabella Melchert

6. Semester
Studienfach: B.Sc. Angewandte Geographie

Inhaltsverzeichnis

Diagramm-, Karten- und Tabellenverzeichnis 2

1 Einleitung 3

2 New York City: eine geographische Einordnung 4

3 Ökonomische Bedeutung innerhalb der Vereinigten Staaten 5
   3.1 Ausgewählte Indikatoren zur Messung der Wirtschaftskraft:
       Bruttoinlandsprodukt, Arbeitslosigkeit und Pro-Kopf-Einkommen 5
   3.2 Ausgewählte Indikatoren zur Messung der Lebensqualität:
       Bildung und Armut 10

4 New York im globalen Wettbewerb mit London und Tokio 13

5 Die wirtschaftliche Zukunft New Yorks 14

6 Fazit 15

Literaturverzeichnis 16

Diagramm-, Karten- und Tabellenverzeichnis

Diagramm 1: Entwicklung des Wachstums des realen Bruttoinlandprodukts
1993 bis 2009 in New York City und den Vereinigten Staaten....................6

Diagramm 2: Entwicklung der Arbeitslosenrate 2000 bis 2010 in New York
City, der Metropolregion von NYC, dem Staat NY und den USA................7

Diagramm 3: Entwicklung des Persönlichen Pro-Kopf-Einkommens 1969
bis 2008 in NYC, der Metropolregion von NYC, dem Statt NY
und den USA..8

Diagramm 4: Bildungsniveau in 2009 basierend auf Schätzwerten....................11

Diagramm 5: Entwicklung der Armutsrate aller Altersgruppen 2003 bis 2009
in den Stadtbezirken von NYC, dem Staat NY und den USA................12

Diagramm 6: Zusammenfassung der Ergebnisse der Studie
Global Power City Index 2009..13

Karte 1: Die Gliederung von NYC in fünf *Boroughs* (Stadtbezirke)......................4

Karte 2: Anzahl der Headquarters der 100 umsatzstärksten Unternehmen
der USA 2003 und 2010..9

Tabelle 1: Entwicklung der 5 größten Volkswirtschaften der Erde
(in Mrd. US$) 2008 bis 2025..14

1 Einleitung

Die Vereinigten Staaten gehören zu den reichsten Ländern der Erde, verzeichnen dennoch eine sehr hohe Armutsrate. Dies gilt insbesondere für die Stadt New York, wobei sie doch gerade von der Globalisierung der Wirtschaft und dem Anstieg der Aktienkurse zu profitieren schien. Trotz der Anschläge vom 11. September 2001 bleibt jedoch nach einer wirtschaftlichen Erholungsphase die Bedeutung New Yorks innerhalb der Vereinigten Staaten und auch global gesehen unbestritten.

In dieser Arbeit soll anhand verschiedener Indikatoren die wirtschaftliche Bedeutung New York Citys innerhalb der Vereinigten Staaten (Kapitel 3) und im globalen Wettbewerb mit London und Tokio (Kapitel 4) verdeutlicht werden. Zur Veranschaulichung der wirtschaftlichen Größe New Yorks wird dabei insbesondere auf die Indikatoren Bruttoinlandsprodukt, Arbeitslosenrate und dem Persönlichen Pro-Kopf-Einkommen eingegangen (Abschnitt 3.1). Des Weiteren soll anhand der Wohlstandsindikatoren Bildungsniveau und Armutsrate die räumlich abweichende Lebensqualität in den fünf Stadtbezirken von New York belegt werden (Abschnitt 3.2). Welche wirtschaftliche Rolle der Stadt in den nächsten Jahren zugeschrieben wird, wird anhand einer veröffentlichten Prognose in Kapitel 4 behandelt, bevor ein abschließendes Fazit in Kapitel 5 gezogen wird.

2 New York City: eine geographische Einordnung

New York City (NYC) ist eine US-amerikanische Stadt und liegt im gleichnamigen Bundesstaat New York. Mit über acht Millionen Einwohnern (8.250.567 Einwohner am 01.07.2006) ist sie mit Abstand – Los Angeles City gilt mit 3,8 Millionen Einwohnern als zweitgrößte Stadt – die größte Stadt der Vereinigten Staaten Amerikas (U.S. Census Bureau 2008: Table 1). Mit über 19 Millionen Einwohnern gilt NYC ebenfalls als größte Metropole der USA und folglich auch als einer der bedeutendsten Wirtschaftsräume und Handelsplätze der Welt. Die *Metropolitan Area* New York Citys setzt sich – auf statistischer Gebietsebene – aus der New York City, Northern New Jersey (Edison, New Brunswick, Wayne), Long Island (Nassau, Suffolk), New Jersey (Newark, Union) und New York (White Plains) zusammen (U.S. Census Bureau 2009:Table 1).

Des Weiteren ist New York City in fünf Stadtbezirke, den sogenannten *Boroughs*, untergliedert (Karte 1). Dazu zählen *The Bronx* im Norden, *Manhattan* südlich von The Bronx, *Queens* im Osten, *Brooklyn* südlich von Manhattan und *Staten Island* im Westen.

Karte 1: Die Gliederung von NYC in fünf *Boroughs* (Stadtbezirke) (eigene Darstellung).

3 Ökonomische Bedeutung innerhalb der Vereinigten Staaten

Die wirtschaftliche Bedeutung NYCs wird nur zu oft in den Massenmedien deklariert. Anhand diverser Statistiken soll im Folgenden versucht werden, diesen Sachverhalt zu bestätigen, in dem auf drei Indikatoren zur Messung der Wirtschaftskraft (3.1) und auf zwei Indikatoren zur Messung der Lebensqualität (3.2) näher eingegangen wird.

3.1 Ausgewählte Indikatoren zur Messung der Wirtschaftskraft: Bruttoinlandsprodukt, Arbeitslosigkeit und Pro-Kopf-Einkommen

Die Wirtschaftskraft spiegelt im Allgemeinen die Leistung einer Volkswirtschaft wider. Sie kann anhand volkswirtschaftlicher Indikatoren (auch: Konjunkturindikatoren) gemessen werden. Das Statistische Bundesamt Deutschland differenziert zwischen mehr als 20 solcher Indikatoren (Destatis 2011a). Im Folgenden wird auf drei Indikatoren fokussiert: dem Bruttoinlandsprodukt (BIP), der Arbeitslosigkeit und dem Pro-Kopf-Einkommen.

Laut dem Statistischen Bundesamt Deutschland versteht man unter dem Bruttoinlandsprodukt „ein Maß für die wirtschaftliche Leistung einer Volkswirtschaft in einem bestimmten Zeitraum. Es misst den Wert der im Inland hergestellten Waren und Dienstleistungen (Wertschöpfung), soweit diese nicht als Vorleistungen für die Produktion anderer Waren und Dienstleistungen verwendet werden." (Destatis 2011b:Abs. 1). Das nominale BIP gibt dabei die Summe der inländischen Wertschöpfung in aktuellen Marktpreisen an. Das reale BIP wird verwendet, um das BIP unabhängig von Veränderungen der Preise betrachten zu können (von Preissteigerungen bereinigt und somit frei von Preiseinflüssen) (Gabler Wirtschaftslexikon 2011:Abs. 3). Dem folgenden Diagramm 1 kann die Entwicklung des realen BIPs zwischen 1993 und 2009 in New York City und den USA entnommen werde.
Auffallend sind die Abweichungen des BIP-Wachstums zwischen NYC und den USA. Während sich die durchschnittlichen Wachstumsraten in den USA zwischen +4,8% (Höchstwert, 1999) und -2,6% (Tiefstwert, 2009) bewegten, schwankten diese in NYC zwischen +9,3% (Höchstwert, 2000) und -6,0% (Tiefstwert, 2008) in den letzten 17 Jahren. Dem Kurvenverlauf sind vor allem die wirtschaftlichen Auswirkungen der Ereignisse vom 11. September 2001 und des Beginns der Finanzkrise in 2007 zu entnehmen.

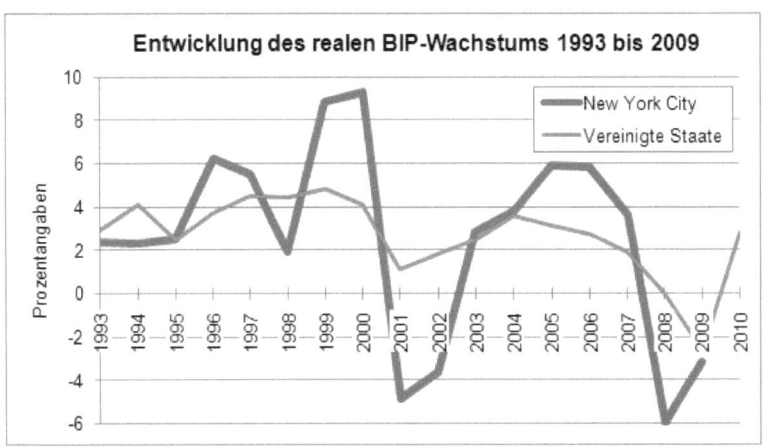

Diagr. 1: Entwicklung des Wachstums des realen Bruttoinlandprodukts 1993 bis 2009 in New York City und den Vereinigten Staaten (Datenquelle: OMB 2011:18+23, eigene Darstellung).

Der auffallende Aufschwung – bezogen auf die USA – von -2,6% im Jahr 2009 auf +2,8% in 2010 lässt sich vordergründig anhand der steigenden Exporte, den vermehrten Investitionen von im In- und Ausland Ansässigen sowie den zunehmenden Konsumausgaben und Bestandsinvestitionen belegen (BEA 2011:Abs. 7). Veröffentlichte Daten für das Jahr 2010 für NYC liegen noch nicht vor.

Auch die Arbeitslosigkeit steht in engem Zusammenhang mit der positiven und negativen Entwicklung des Bruttoinlandsproduktes, dessen Sachverhalt Diagramm 2 entnommen werden kann. Zwischen 2000 und 2003 stieg die Arbeitslosenrate in NYC um 2,5% und somit um 0,5% mehr als in den gesamten Vereinigten Staaten (4,0 auf 6,0%). In diesem Zeitraum fielen auch parallel die BIP-Wachstumsraten. Zwischen 2003 und 2007 sank die Arbeitslosenrate von NYC auf 4,9% und somit auf den Tiefststand seit mehr als zehn Jahren. Doch mit dem Beginn der letzten Finanzkrise im Frühjahr 2007 fing der Anstieg der Arbeitslosenrate bis ins Unermessliche erst an. Gerade die USA und folglich auch New York bleiben von den negativen Folgen nicht weniger verschont als andere Länder. In 2009 wird erstmals seit Jahrzehnten der Höchststand der Arbeitslosigkeit in New York und den USA erreicht. Die Arbeitslosenrate ist mittlerweile fast so hoch wie in der Zeit der *Great Depression* in den 1930er Jahren, die von anhaltender Rezession geprägt waren. Auch wenn die offizielle Statistik eine Arbeitslosenrate von 9,3% in den USA und 9,5% in NYC belegt, so sehen die realen Zahlen bei Weitem anders aus: mehr als jeder sechste Beschäftigte ist arbeitslos, was tatsächlich 17,5% ausmacht (The New York Times 2009:Abs. 2-7).

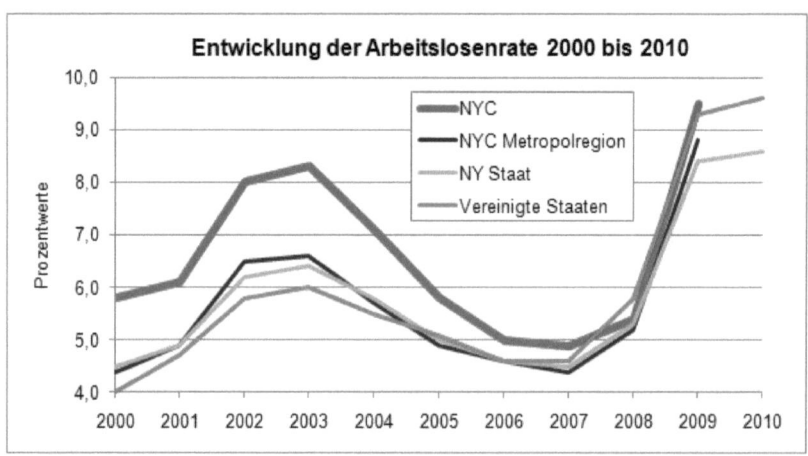

Diagr. 2: Entwicklung der Arbeitslosenrate 2000 bis 2010 in New York City, der Metropolregion von NYC, dem Staat NY und den USA (Datenquelle: BLS 2011, eigene Darstellung).

Laut dem NEW YORK CITY OFFICE OF MANAGEMENT AND BUDGET entwickelte sich der Arbeitsmarkt im privaten Sektor New York Cities im Jahr 2010 um Weiten besser als im Rest des Staates New York und den USA selbst (OMB 2011:4). Trotz dem wirtschaftlichen Aufschwung (BIP-Wachstum von 5,4%) in den USA in 2010 steigt die Arbeitslosigkeit weiter an und liegt derzeit bei 9,6%, im Staat New York bei 8,6% (BLS 2011).

Die wirtschaftliche Bedeutung NYCs kann des Weiteren anhand des Persönlichen Pro-Kopf-Einkommens (PPKE) aufgezeigt werden, welches weitaus mehr persönliche Einkünfte berücksichtigt als das gewöhnliche Pro-Kopf-Einkommen, zu dessen Berechnung eine Sozialproduktgröße wie beispielsweise das BIP herangezogen wird.

Unter dem Persönlichen Pro-Kopf-Einkommen (engl.: *per capita personal income*) versteht man das Einkommen, das von Personen aus allen möglichen Einkommensquellen empfangen wird. Es wird berechnet als die Summe aller Lohn- und Gehaltszahlungen sowie deren Zuschläge, Einkünfte aus Eigentumsbesitz unter Anpassung des Kapitalausgleichs, Mieteinnahmen, Einkommen aus Kapitalerträgen, personenbezogene Einnahmequellen (Dividenden- und Zinserträge) und persönliche Transferzahlen, abzüglich den Beitragszahlungen zur Sozialversicherung (BEA 2009:Abs. 1).

Das folgende Diagramm 3 veranschaulicht die Entwicklung des Persönlichen Pro-Kopf-Einkommens im Zeitraum 1969 bis 2008.

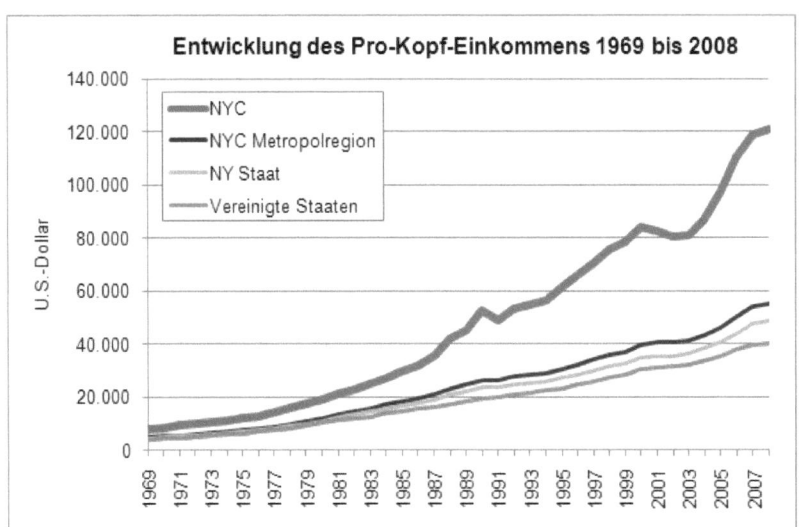

Diagr. 3: Entwicklung des Persönlichen Pro-Kopf-Einkommens 1969 bis 2008 in NYC, der Metropolregion von NYC, dem Staat NY und den USA (Datenquelle: BEA 2010, eigene Darstellung).

Erstaunlich ist die herausragende Stellung New York Citys. Während sich das PPKE in der Metropolitan Area und dem Staat New York parallel zu den restlichen USA entwickelte, lag dieses im Jahr 1990 bereits um 26.287 U.S.-Dollar ($) höher als in der Metropolregion und 33.386$ über dem Durchschnittswert der Vereinigten Staaten. In 2008 beträgt das PPKE in NYC 120.766$ und ist somit im Schnitt um knapp 201% höher als in den gesamten USA. Im selben Jahr liegen Los Angeles mit einem PPKE von 42.265$ und Chicago mit 45.377$ zwar etwas höher als der Durchschnittswert der Vereinigten Staaten (40.166$), können doch bei Weitem nicht mit New York City mithalten (BEA 2010).

Der rasante Anstieg des PPKE kann unter anderem anhand des dominierenden Finanzsektors erklärt werden. Nach der Gründung der *New York Stock Exchange* (NYSE) in 1817 stieg New York City schon bald zum wichtigsten Finanzzentrum des Landes auf (Hahn 2004:13). Die US-amerikanische Soziologin und Wirtschaftswissenschaftlerin SASKIA SASSEN sprach 1996 bereits über „New York [als] die Bankhauptstadt des Landes" und ihre wachsende „Rolle [...] als eines führenden Finanzzentrums der Welt" (Sassen 1996:101).

Dem NEW YORK CITY OFFICE OF MANAGEMENT AND BUDGET zufolge waren im Jahr 2008 12,3% der New Yorker im FIRE-Sektor (Finance, Insurance, Real Eastate) beschäftigt, aber nur 6% in den gesamten USA. Die Beschäftigtenzahl im Bereich der wissensintensiven und unternehmensnahen Dienstleistungen war im Vergleich zum bundesweiten Durchschnitt (13%) um 3% in NYC höher. 4,4% der in New York City Beschäftigten arbeiteten im Bereich der Informationsdienste, jedoch nur 2,2% in den Vereinigten Staaten (OMB 2011:19+24). Mit großer Wahrscheinlichkeit sind auch einige in der Medienindustrie beschäftigt, in der NYC als global führend gilt. In diesen genannten Branchen sind hohe Gehälter, gerade in den Managementpositionen, bekannt und können ein Indiz für das in NYC hohe vorhandene Persönliche Pro-Kopf-Einkommen sein.

Um weiterhin die Bedeutung NYCs innerhalb der Vereinigten Staaten aufzuzeigen, kann zu den drei oben erläuterten Indikatoren zusätzlich auf die *Headquarters* internationaler Unternehmen fokussiert werden, bei denen „Entscheidungen von überregionaler oder weltweiter Bedeutung [...] internationaler Unternehmen gefällt [werden]" (Hahn 2004:16).

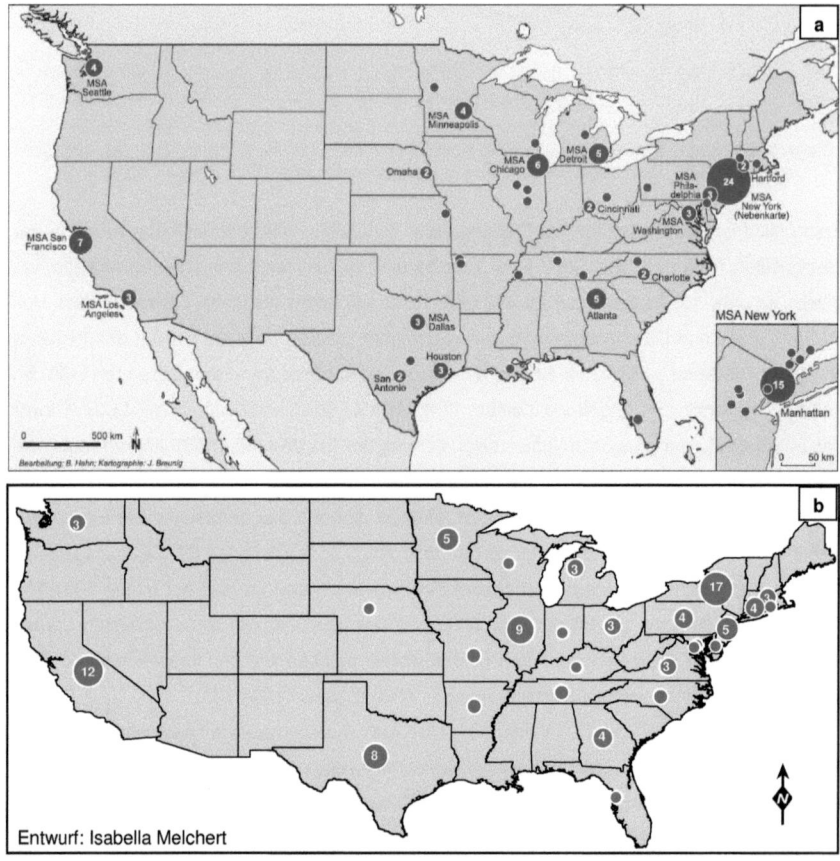

Karte 2: Anzahl der Headquarters der 100 umsatzstärksten Unternehmen der USA 2003 (a) (Quelle: Hahn 2004:16) und 2010 (b) (Datenquelle: AggData 2010, eigene Darstellung).

Dazu veröffentlicht die Zeitschrift *Fortune* jährlich Rankings mit den 1.000 umsatzstärksten Unternehmen der USA. Karte 2a ist zu entnehmen, dass sich im Jahr 2003 24 der Top 100- Unternehmen mit ihren Headquarters in der Metropolitan Area New York Citys befanden, davon 15 in NYC selbst. Im Jahr 2010 (Karte 2b) waren es 23 in der Metropolregion und davon 17 in NYC. Zieht man die zwei nächst größeren Städte der USA zu einem Vergleich heran, so ist festzuhalten, dass nur sechs der 100 umsatzstärksten Unternehmen sowohl in 2003 als auch in 2010 ihren Headquater-Standort in der Metropolitan Area Chicagos und sogar nur drei (vier) in 2003 (2010) in der Metropolitan Area Los Angeles' hatten (Agg Data 2010, Hahn 2004:16).

3.2   Ausgewählte Indikatoren zur Messung der Lebensqualität: Bildung und Armut

Wie auch bei den Indikatoren zur Messung der Wirtschaftskraft, liegt ebenfalls bei der Messung der Lebensqualität eine Vielzahl an Indikatoren vor. Im Folgenden wird auf die beiden Indikatoren Bildung und Armut fokussiert.

Bildung ist ein nennenswerter Indikator in diesem Zusammenhang, den von ihm ist zum größten Teil das Einkommen abhängig. Folglich steht auch Armut in enger Beziehung zum Bildungsabschluss, wie aus den nachstehenden Diagrammen 4 und 5 ersichtlich wird. Diagramm 4 veranschaulicht die prozentuale Verteilung der Bildungsabschlüsse in den fünf *Boroughs* (Stadtbezirke) von New York City im Vergleich zum Gesamtwert der Stadt und dem der Vereinigten Staaten.

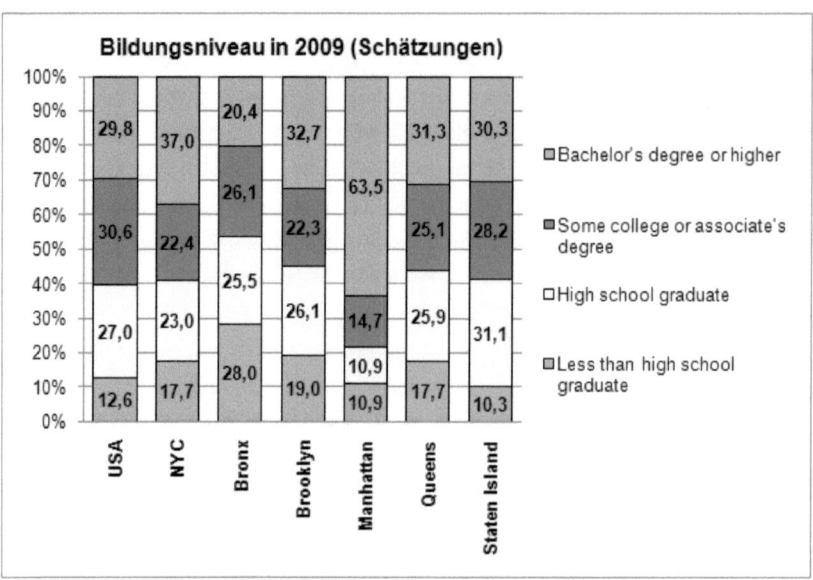

Diagr. 4: Bildungsniveau in 2009 basierend auf Schätzwerten (Datenquelle: Baruch College 2011, eigene Darstellung).

Den 162.445.735 Menschen der USA, denen ein Abschluss im Jahr 2009 nachgewiesen werden kann, haben 87,4% mindestens einen High School-Abschluss. In gesamt New York City sind dies 5,1% weniger (Basiswert: 4.714.770 Menschen). Interessant wird allerdings die kleinräumige Betrachtung der Stadt, wobei zwei Stadtbezirke gegensätzlicher nicht sein könnten. Ins Auge fällt dabei der Stadtbezirk Bronx, in dem mehr als ein Viertel (28%) einen Abschluss unterhalb der High School haben. In Manhattan hingegen haben knapp zwei Drittel aller Absolventen (63,5%) mindestens einen Bachelorgrad (Baruch College 2011). Aus diesen Werten lassen sich parallel die Armutsraten in Bezug auf das mögliche Einkommen erklären.

In den 1980er Jahren begann das rasante Wachstum der Armutsrate in den gesamten Vereinigten Staaten. In nur 13 Jahren stieg die absolute Zahl der als arm geltenden Personen von 26 Millionen auf 37 Millionen. In den späten 1990ern konnte bereits festgestellt werden, dass die Armut in den Teilen NYCs abhängig von der Ethnie (z.B. Puerto Ricaner oder Immigranten) enorm variiert. Seit 1984 gelten jahresdurchschnittlich rund 24% aller New Yorker als arm (Abu-Lughod 1999:305).

In Diagramm 5 ist die Entwicklung der Armutsrate zwischen 2003 und 2009 für die fünf Boroughs von NYC, dem Staat NY und den USA visualisiert.

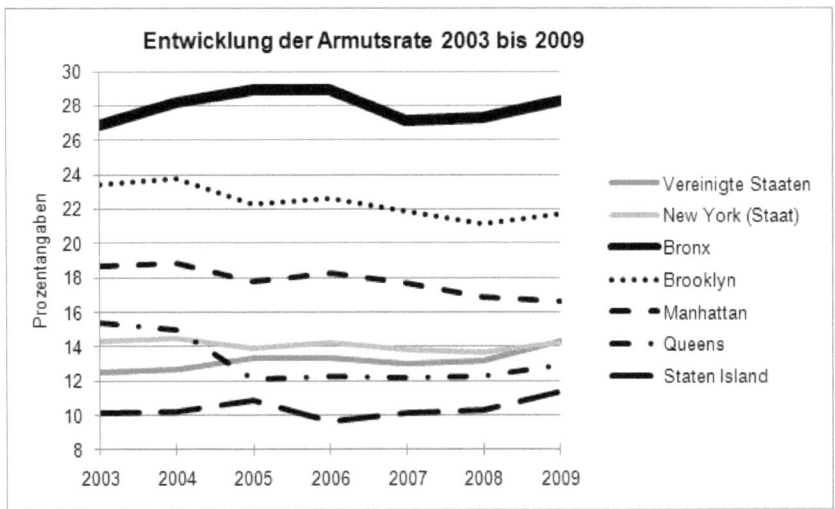

Diagr. 5: Entwicklung der Armutsrate aller Altersgruppen 2003 bis 2009 in den Stadtbezirken von NYC, dem Staat NY und den USA (Datenquelle: U.S. Census Bureau 2010, eigene Darstellung).

Das U.S. CENSUS BUREAU (2010) errechnet jährlich Einkommenswerte als Maßzahl, um die Armutsgrenze festzulegen. Wer unterhalb dieser Werte liegt, gilt folglich als arm. Die Werte sind dabei abhängig von der Größe der Familien oder ob es sich z.b. um Alleinstehende unter oder 65 Jahre und älter handelt.

Während sich die Armutsraten vom Staat NY und den USA im Rahmen von 12,5% bis 14,5% durchgehend halten, so variieren diese in kleinräumiger Betrachtung der New York City. Über den Zeitraum betrachtet weist Staten Island eine durchschnittliche Armutsrate von 10,4% auf, Queens von 13,2%, Manhattan von 17,8%, Brooklyn von 22,4% und Bronx sogar von 27,9%, was einem Durchschnittswert von 18,3% für gesamt NYC entspricht (U.S. Census Bureau 2010).

Vergleicht man nun die Werte der Armutsraten mit denen des Bildungsniveaus so werden die städtischen Disparitäten ersichtlich. Staten Island, Queens und Manhattan können höhere Bildungsabschlüsse aufweisen als Brooklyn und Bronx. Parallel herrschen in den drei erst genannten Stadtbezirken um Weiten niedrigere Armutsraten als in Brooklyn und Bronx. Doch wie sieht die Lebensqualität der gesamten New York City vergleichsweise zu ihren globalen Wettbewerbsstädten London und Tokio aus?

4 New York im globalen Wettbewerb mit London und Tokio

„Weitgehend unbestritten ist [...], dass London, New York und Tokio global die obersten Hierarchieebenen bilden [...]" (Hahn 2004:12). Dies kann vor allem anhand der Klassifikation der *GaWC* (Globalization and World Cities) belegt werden, bei der Weltstädte anhand ihrer globalen Verflechtungen in Levels, von *alpha++* als obersten Rang, bis *gamma* als untersten Rang, eingestuft werden. Dabei werden London und New York als einzige alpha++-Städte und Tokio (neben sieben anderen Städten) als alpha+-Stadt eingeordnet. Alpha++ beschreibt dabei Städte, die am stärksten in das Weltstädte-Netzwerk integriert sind, alpha+ als Städte, die alpha++-Städte im Weltstädte-Netzwerk komplettieren (GaWC 2011).

Im Oktober 2009 wurde die umfassende Studie *Global Power City Index 2009* zu 35 Weltstädten veröffentlicht. Die Studie zielte auf eine Einstufung der Leistungsfähigkeit der jeweiligen Stadt ab, indem in sechs Hauptkategorien 69 Einzelindikatoren untersucht wurden. Diese Hauptkategorien behandelten die Bereiche Wirtschaft, Forschung & Entwicklung, Lebensqualität, Kulturelle Interaktion, Ökologie & Natürliche Umwelt und Verkehrsinfrastruktur (MMF 2009:1). Wie auch bereits im Ranking aus dem Jahr 2008 stehen New York, London, Paris und Tokio an der Spitze (Singapur belegte im Vorjahr Platz elf) (siehe Diagramm 6).

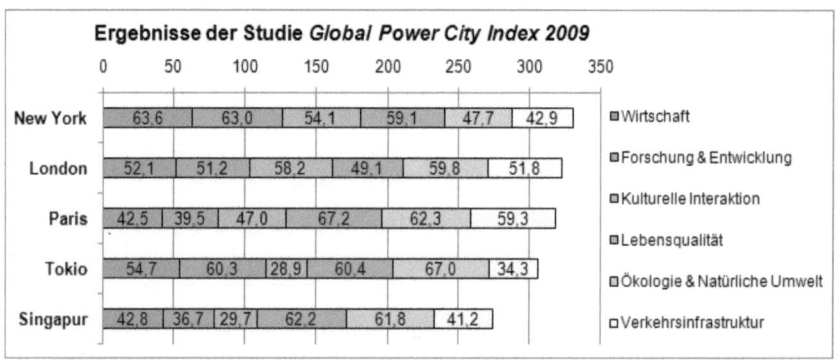

Diagr. 6: Zusammenfassung der Ergebnisse der Studie *Global Power City Index 2009* (Datenquelle: MMF 2009:15, eigene Darstellung).

New York mit insgesamt 330,4 und London mit 322,2 Punkten führten bei diesem Ranking, bei dem maximal 547 Punkte erreicht werden konnten. Diese beiden alpha++-Städte belegten bemerkenswert hohe Ränge in fast allen Bereichen. New York bildete lediglich in der Kategorie Umwelt mit Platz 30 eines der Schlusslichter. Tokio funkelte hierbei mit Platz vier und London mit Platz 16. Tokio war bei dieser Studie die einzige Stadt, die in den beiden Hauptkategorien Wirtschaft und Umwelt in die *Top Five* eingestuft wurde. Im Bereich Lebensqualität schafften es Tokio nur auf Rang 19, gefolgt von New York auf Rang 21 und London auf Rang 33 (MMF 2009:15). Basierend auf einer Clusteranalyse der 35 untersuchten Städte, lassen diese sich in fünf Gruppen, abgestuft von A nach E, kategorisieren. New York und London werden dabei zu *Super Cities* zusammengefasst, da diese einerseits absolute Stärke in Wirtschaft, Forschung & Entwicklung, Kulturelle Interaktion sowie Verkehrsinfrastruktur beweisen, andererseits aber auch Schwächen in den Bereichen Umwelt (New York) und Lebensqualität (London) zeigen. Tokio und Paris prunken als *All-round Cities* in jedem Bereich, erreichen allerdings mit keinen ihrer Stärken jene von New York und London (MMF 2009:18).

5 Die wirtschaftliche Zukunft New Yorks

Das Unternehmen PRICEWATERHOUSECOOPERS veröffentlichte im Jahr 2008 eine Prognose zur Entwicklung der 100 größten Volkswirtschaften der Erde bis zum Jahr 2025. Unter Berücksichtigung der Auswirkungen der letzten Weltwirtschaftskrise und des potentiellen De-Globalisierungsszenarios wurden Aussagen zur Bevölkerungs- und Wirtschaftsentwicklung getroffen (PricewaterhouseCoopers 2009:20).

Der Prognose zufolge scheint es offensichtlich, dass die erfolgreichsten Städte in 2025 auch weiterhin die sein werden, die bereits heute mit Wettbewerbsvorteilen im Dienstleistungssektor leuchten. Vor allem New York City mit ihrer dominierenden Finanzbranche wird in 2025 auch die wichtigste Rolle als globale Finanzhauptstadt zugeschrieben, gefolgt von London und Tokio. Das BIP-Wachstum NYCs wird hochgeschätzt auf ein durchschnittliches Wachstum von +1,8% pro Jahr, was einem absoluten Zuwachs von 509 Milliarden U.S.-Dollar bis 2025 entsprechen würde (Tabelle 1) (PricewaterhouseCoopers 2009:27).

	BIP 2008	BIP 2025	durchschn. reales BIP-Wachstum (% p.a.: 2008-2025)
Tokio	(1) 1.479	(1) 1.981	1,7
New York	(2) 1.406	(2) 1.915	1,8
Los Angeles	(3) 792	(3) 1.036	1,6
Chicago	(4) 574	(5) 817	2,1
London	(5) 565	(4) 821	2,2

Tab. 1: Entwicklung der 6 größten Volkswirtschaften der Erde (in Mrd. US$) 2008 bis 2025 (Datenquelle: PricewaterhouseCoopers 2009:23-24,eigene Darstellung).

Den Hochrechnungen zufolge wird London etwas schneller beim Bruttoinlandsprodukt wachsen als seine Rivalen Tokio, New York und Chicago und würde somit vom fünften Rang in 2008 auf den vierten in 2025 klettern.

6 Fazit

Die BIP-Wachstumsraten sind in den letzten 17 Jahren im Vergleich zu den Werten der gesamten Vereinigten Staaten enorm geschwankt. Nichtsdestotrotz wurden in NYC temporär weitaus höhere Raten erreicht als in den USA, aber auch tiefere. Vor allem die Anschläge vom 11. September 2001 und die Weltfinanzkrise der letzten vier Jahre brachten schwerwiegende wirtschaftliche Verluste in die Weltstadt. Die damit verbundene Arbeitslosigkeit steigt seit 2007 erstaunlich stark an und erreichte in 2009 mit 9,3% ihren Höchststand der letzten Jahrzehnte. Den realen Zahlen zufolge sollen sogar 17,5% der Bevölkerung NYCs ohne Arbeit sein. Im privaten Sektor auf dem Arbeitsmarkt scheint NYC allerdings zu prunken, denn dieser entwickelte sich in 2010 um Weiten besser als im restlichen Staat und den USA.

Die herausragende Stellung New Yorks kann anhand des Persönlichen Pro-Kopf-Einkommens belegt werden. Dieses betrug im Jahr 2008 mehr als 120.000$, lag um knapp zwei Drittel höher als in Los Angeles und Chicago und 201% über dem Schnitt der Vereinigten Staaten. Aufgrund der Vormachtstellung New Yorks als globale Finanzhauptstadt dominiert auch die Anzahl an Beschäftigten (12,3%) im FIRE-Sektor. Viele Unternehmen dieser Branche haben ihre Headquaters in NYC und dessen Metropolregion.

NYC punktet auch im Bildungssektor im Vergleich zum restlichen Bundesstaat. In 2009 konnte 37% der New Yorker mit Schul- bzw. Universitätsabschluss mindestens ein Bachelorgrad nachgewiesen werden, was 7,2% über dem Bundesdurchschnitt entspricht. Allerdgins geht eine parallele Entwicklung der Armutsrate einher, die in den fünf Stadtbezirken gegensätzlich vorliegt und somit auch Einfluss auf die Lebensqualität hat.

Global gesehen scheint die Lebensqualität jedoch besser als jene in London und fast gleich wie jene in Tokio. NYC zeigt absolut wirtschaftliche Stärke zu ihren Mitstreiter-Weltstädten, liegt allerdings bei Umweltfragen weit hinter London und Tokio.

Einer Prognose für das Jahr 2025 zufolge wird weiterhin NYC die Vormachtstellung als globale Finanzhauptstadt zugeschrieben. Sofern keine externen Einflüsse auf die Wirtschaft greifen, wird der Weltstadt ein jährliches BIP-Wachstum von 1,8% beigemessen, was bedeuten würde, dass sie nach Tokio die Stadt mit dem größten BIP bleiben wird.

Literaturverzeichnis

Abu-Lughod, J. L. (1999): *New York, Chicago, Los Angeles: America's Global Cities.* Minneapolis, London: University of Minnesota Press.

AggData (2010): *Complete List of Fortune 500/1000 Companies 1955-2010.* <http://www.aggdata.com/business/fortune_500> abgerufen am 17.03.2011.

Baruch College, The Weissman Center for International Business (2011): *Educational Attainment in 2009 (estimates).* <http://www.baruch.cuny.edu/nycdata/chapter13_files/sheet009.htm> abgerufen am 20.03.2011.

Bureau of Economic Analysis, U.S. Department of Commerce (BEA) (2011): *Economy picks up in fourth Quarter. Second Estimate of GDP.* <http://www.bea.gov/newsreleases/national/gdp/gdphighlights.pdf> abgerufen am 17.03.2011.

Bureau of Economic Analysis, U.S. Department of Commerce (BEA) (2010): *Local Area Personal Income.* <http://www.bea.gov/regional/reis/default.cfm?selTable=CA1-3&section=2> abgerufen am 14.03.2011.

Bureau of Economic Analysis, U.S. Department of Commerce (BEA) (2009): *Per capita personal income.* <http://www.bea.gov/regional/definitions/nextpage.cfm?key=Per%20capita%20personal%20income> abgerufen am 19.03.2011.

Bureau of Labor Statistics, U.S. Department of Labor (BLS) (2011): *Local Area Unemployment Statistics.* < http://www.bls.gov/lau/#tables> abgerufen am 14.03.2011.

Gabler Wirtschaftslexikon (2011): *Bruttoinlandsprodukt (BIP).* <http://wirtschaftslexikon.gabler.de/Definition/bruttoinlandsprodukt-bip.html?referenceKeywordName=nominales+Bruttoinlandsprodukt+%28BIP%29> abgerufen am 12.03.2011.

Globalization and World Cities Research Network (GaWC) (2011): *The World According to GaWC 2008.* <http://www.lboro.ac.uk/gawc/world2008.html> abgerufen am 28.02.2011.

Hahn, B. (2004): *New York, Chicago, Los Angeles. Global Cities im Wettbewerb.* In: Geographische Rundschau 56(4), 12-18.

New York City Office of Management and Budget (OMB) (2011): *Monthly Report On Current Economic Conditions - 1/19/2011.* <http://www.nyc.gov/html/omb/downloads/pdf/ec01_11.pdf> abgerufen am 18.02.2011.

PricewaterhouseCoopers (2009): *Which are the largest city economies in the world and how might this change by 2025?* In: UK Economic Outlook, 20-34. <https://www.ukmediacentre.pwc.com/imagelibrary/downloadMedia.ashx?MediaDetailsID=1562> abgerufen am 25.02.2011.

Sassen, S. (1996): *Metropolen des Weltmarkts: die neue Rolle der Global Cities.* Frankfurt am Main, New York: Campus-Verlag.

Statistisches Bundesamt Deutschland (Destatis) (2011a): *Konjunkturindikatoren.* <http://www.destatis.de/jetspeed/portal/cms/Sites/destatis/Internet/DE/Navigation/Statistiken/Zeitreihen/Indikatoren/Konjunkturindikatoren__nk.psml> abgerufen am 17.03.2011.

Statistisches Bundesamt Deutschland (Destatis) (2011b): *Bruttoinlandsprodukt (BIP).* <http://www.destatis.de/jetspeed/portal/cms/Sites/destatis/Internet/DE/Presse/abisz/BIP,templateId=renderPrint.psml> abgerufen am 12.03.2011.

The Mori Memorial Foundation (MMF) (2009): *Global Power City Index 2009.* <http://www.mori-m-foundation.or.jp/english/research/project/6/pdf/GPCI2009_ English.pdf> abgerufen am 28.02.2011.

The New York Times (2009): *Broader Measure of U.S. Unemployment Stands at 17.5%.* <http://www.nytimes.com/2009/11/07/business/economy/07econ.html?_r=2&scp=1&s q=unemployed&st=cse > abgerufen am 17.03.2011.

U.S. Census Bureau (2010): *Small Area Income and Poverty Estimates.* <http://www.census.gov/did/www/saipe/data/statecounty/data/index.html> abgerufen am 19.03.2011.

U.S. Census Bureau (2009): *Population Estimates. Metropolitan and Micropolitan Statistical Area Estimates. Annual Estimates of the Population.* <http://www.census.gov/popest/metro/CBSA-est2008-annual.html> abgerufen am 13.03.2011.

U.S. Census Bureau (2008): *Population Estimates. Cities and Towns. Places over 100,000: 2000 to 2007.* <http://www.census.gov/popest/cities/SUB-EST2007.html> abgerufen am 13.03.2011.

Hinweis:
Die Internetadressen in dieser Arbeit können — bedingt durch den Zeilenumbruch — so getrennt werden, dass ein Trennstrich oder ein Leerzeichen erscheint, der/das nicht zur Adresse gehören muss.